I0075567

Conserver cette couverture 88

Gisement de Houille

appartenant à la propriété

D E

Mr Alexandre Boulatzel.

❖❖❖

Brochure

DE Mr B. PÉRÉKRESTOFF

traduit du russe

par

A. M. K.

LOUGANSKY ZAWOD,

Imprimerie de Jean Savenko.

1878.

Gisement de Houille

appartenant à la propriete

D E

Mr Alexandre Boulatzel.

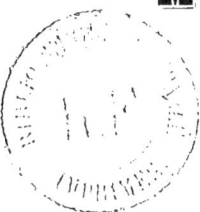

—∘≺⊙≻∘—

Brochure

DE Mr B. PÉRÉKRESTOFF

traduit du russe

par

A. M. K.

LOUGANSKY ZAWOD,

Imprimerie de Jean Saronko.

1878.

Дозволено цензурой. Москва, 20 Августа 1877 года.

GISEMENT DE HOUILLE

appartenant à la propriété de

Mr A. BOULATZEL.

Prés du village d' Ouspensk.

———————

Le village d' Ouspensk se trouve au district de Slavianoserbsk, au Gouvernement d' Eka-térinoslave, a 24 verstes (1 v.—1,067 kilo-mètre) de Lougansky-Zavod; il est arrosé par le ruisseau de l' Olchovaja qui se jette dans la Lougane — affluent du Sévernoy-Donetz. Quoiqu' il fut reconnu depuis longtemps que le district de Slavianoserbsk abonde en mi-nes de houille,mais les richesses du sol n'éveil-lèrent pas assez l' attention des propriétai-res et des industriels de l' endroit; l' industrie ou l' exploitation privée ne se manifestait que par la rapine des couches de houille là, où un affleurement apparaissait à la surface de la terre; mais il n'était nullement question de fouilles régulières, d'exploration de gisement et de mines enfin, d'après les théories de la science. Dans les derniers temps plusieurs individus privés se sont mis à explorer activement les richesses minérales de leurs propriétés. Au nombre de ceux-là se trouve M. Alexandre Boulatzel — possesseur de 9000 arpents de terre, non loin du village d'Ouspensk. VI y a quelques années, M. Boulatzel invita un Ingénieur des mines, M. Mayer et un arpenteur des mines, M. Schoenfelder à venir explorer les gisements de sa propriété.

M. Schoenfelder, en se guidant sur les recherches de M. Mayer et ses explorations personnelles, composa la carte ci-jointe des couches appartenant à la terre d'Ouspensk; il en fit aussi une description qui servit de base à la brochure suivante.

La propriété de M. Boulatzel se compose de trois parties séparées: Bélianskaja, Ouspensk et Krouglik; les deux premières parties seules sont décrites et marquées sur la carte, mais Krouglik n' est pas encore complètement exploré, quoiqu'on y rencontre des vestiges d' anthracite, des indices de minerai de fer et de plomb argenté.

On trouve sur les terres d' Ouspensk et de Bélianskaja:

a,) des alluvions modernes;

b,) des formations crayeuses;

c,) des formations houillères.

a) Les alluvions modernes s'étendent le long des rives de l' Olchovaja; ce sont des bandes dont la largeur varie suivant le contour des hauteurs qui bornent la vallée de ce ruisseau. Ces alluvions se composent d' un mélange de débris et de fragments de roches diverses, entraînés par l'eau du sommet des élévations vers la vallée.

b,) La formation crayeuse se trouve au Nord de ces deux terres, elle occupe $\frac{1}{4}$ de l'espace de Bélianskaja et $\frac{1}{6}$ de celui d'Ouspensk. La partie inférieure de cette formation se compose d'argile de toutes couleurs, particulièrement d' un gris foncé ou clair et d' un jaune d' ocre; au dessus de l' argile se trouve du gré d'une faible consistance; ce gré est recouvert d'une craie blanche, dont la surface est formée de sables blancs ou colorés d'oxyde de fer.

c,) La formation houillère occupe le reste de l'espace des deux terres et se subdivise en deux parties: l'ancienne, qui contient de l'anthracite et la moderne qui possède de la houille grasse bitumineuse de toutes les espèces.

Avant d'examiner en détails cette dernière formation, il faut noter que:

1° Le plan des couches, indiquées sur la carte, est fait d'après leur affleurement à la surface de la terre, en se basant sur l'opinion, que la différence entre le point supérieur et le point inférieur du terrain des deux propriétés ne surpasse point 34 sagènes, (1 sag: = 2, 134 mètres) et que les couches s'inclinent, pour la plupart en pentes raides; ainsi donc, en prenant l'échelle de 1: 12600, la différence entre le plan ci-nommé et le plan horizontal parait insignifiante.

2° Le profil AB présente toutes les couches de houille connues jusqu'aprésent, en partie d'après les ravins déchaussés, d'après

les travaux des puits et les explorations des
creux. Les couches de houille dont la puissance a 14 pouces sont seules marquées sur
la carte. celles encore qui n' atteignent point
tout à fait cette puissance ou bien la dépassent;
les couches, offrant moins de 14 pouces de
puissance. ne sont pas marquées.

3°) Pour déterminer la hauteur de certains
points du profil transversal. on a pris pour
base l'horizon inférieur du ruisseau de l'Olchovaja. près du village d'Yonovka. Soixante
dix sagènes au-dessous de l'horizon du ruisseau de l'Olchovaja est projetée une seconde
ligne et cette profondeur a servi de base pour
déterminer toute la quantité de houille que
l'on peut exploiter aprésent des couches
connues dans les deux propriétés.

4°) Des lignes noires continues indiquent
sur la carte la direction des couches houillères. déterminées d'après les observations
des puits. des creux, des fossés, d'après les
ravins déchaussés et les affleurement des
couches suivies de roches à la surface de la
terre. La direction des couches, considérées

comme étant possibles, est déterminée par des lignes noires interrompues.;

5.) Les couches calcaires apparaissant à la surface, sont marquées de rouge et les couches de gré—de bleu.

6.) Les inclinaisons des couches sont indiquées par des flèches, dirigées vers la partie du monde où s'inclinent les couches; l'angle d'incidence est déterminé par des chiffres aux endroits où il a pu être défini.

Examinons maintenant la formation houillère qui se trouve dans les deux propriétés.

Toutes les explorations faites jusqu'à nos jours prouvent:

a.) Que cette formation a été soumise à des changements considérables;

b.) Que, le long de toute la propriété, de l'E. à l'O. c. à. d. parallélement à la direction générale des couches, se présente un pli, qui sépare la houille bitumineuse boursouflée de l'anthracite.

c.) Que, en se basant sur les directions variées et les inclinaisons des couches, on peut distinguer plusieurs bassins et plusieurs cavités.

Les bassins principaux sont: l' un, qui est spacieux, avec de la houille boursouflée, au Nord du pli; deux autres, considérables avec de l' anthracite, au Sud du premier.

d.) Tous les bassins de cet endroit ont la forme d' ellipsoïdes, dont les axes prolongés vont presque parallèlement l'un à l'autre, de l' E. à l' O., les axes des cavités ont la même direction.

Examinons chaque bassin séparément.

BASSIN DU NORD.

Ce bassin se trouve au nord du pli; son extrémité occidentale occupe la plus grande partie de la terre de Bélianskaja, et les dernières couches de l'aile méridionale occupent une partie de la terre d'Ouspensk; le reste de l' espace est encore inexploré, puisqu' il se dirige vers des propriétés étrangères.

Les couches des roches de l'aile méridionale du bassin ont, en général, une direction régulière de l' E. à l' O. elles occupent 6 verstes à peu près sur les terres de Mr. Boulatzel; leur inclinaison général e se dirige vers le nord où elles se cachent sous une formation crayeuse.

Dans cette aile du bassin, au sud du village de Georgievka, on voit distinctement une double cavité dont les axes vont parallélement à la direction des couches et celle du pli, qui limite le bassin au Sud. Quoique le pli n'y ait pas encore été rencontré par les travaux des mineurs, on ne saurait cependant, douter de son existence, puisque les couches de l'aile septentrionale, dans le bassin du Sud qui possède de l'anthracite, présentent ici une inclinaison vers le Sud, c. à d. complétement du côté opposé aux couches méridionales du bassin du Nord, car celles-ci s'inclinent vers le nord et appatiénnent, en comparaison des autres couches, à une composition plus moderne, où l'on trouve de la houille boursouflée; quant à la direction des roches de la formation, celle des axes des bassins, des cavités et du pli, elles restent parallèles. Cette position donne lieu de présumer que les forces souterraines qui ont détruit la position horizontale de la formation, ont agi avec moins de tension en cet

Cavité d'Ionovka.

N° os. des couches.	Désignations des stations.	Puissance des couches. pouces.	Étendue des couches selon. la direction l'inclinaison.		Aire du champ de mine.	Quantité de houille en sag. cars.	Quantité de houille de la couche.	Total.	Observations.
9	Alexandre . .	28	770	30	23100	224	5,174,400		Petit bassin.
	idem . .	28	770	25	19250	224	4,312,000		
10	Vassiliy . .	21	800	100	80000	168	13,440,000		
11	Serguiy . .	28	750	110	82500	224	18,480,000		
12	Ionovka .	42-80	1100	240	264000	400	105,600,000		
13	Grigoriy . .	25	600	240	144000	224	32,256,000		
14	Fedor . .	35	40	240	9600	280	2,688,000		
					Houille —	—	—	181,950,400	
					Report de Belianskaja —	—	—	724,126,400	

*TERRE DE BÉLIANSKAJA.

a. Houille boursouflée.

BASSIN DU NORD.

№ os. des couches.	Désignations des stratifications.	Puissance des couches pouces.	Étendue des couches selon la direction. l'inclinaison. Sagèlnes.		Aire du champ de mine sag. carrés.	Quantité de houille en sag. carrés.	Quantité de houille de la couches Pouds.	T o t a l.	Obser- va- tions.
2	Pokrovsky . .	28	300	80	24,000	224	5,376,000		
	1 couche mince.	15	750	200	150,000	120	18,000,000		
3	2 couche mince.	18	1000	200	200,000	144	28,800,000		Aile mé-ridio-nale.
4	Kossoy . .	28	1000	250	250,000	224	56,000,000		
5	Isvestniak .	26	1200	250	300,000	208	62,400,000		
6	Krassniak .	21	1300	160	208,000	168	34,944,000		
	Roudnoy⁴⁴ .	21	1400	160	224,000	112	37,632,000		
	1 couche mince .	14	1500	160	240,000	112	26,880,000		
	2 couche mince .	20	1500	160	240,000	160	38,400,000		
7	Solonoy⁺⁺ .	50	1800	160	288,000	400	115,200,000		
	idem	24	850	80	68,000	192	13,056,000		
	1 couche mince.	14	1400	160	224,000	112	25,088,000		
	2 couche mince.	18	1200	150	180,000	144	25,920,000		
	3 couche mince.	14	1200	150	180,000	112	20,160,000		
8	Ovtchiarnoy . .	26	1100	150	165,000	208	34,320,000		

Houille boursou...   542,176,000

endroit où elles ont produit une cavité; plus tard elles ont produit une rupture des couches, en soulevant l'ancienne partie de la formation avec les anthracites à une élévation considérable; à cette occasion les couches nouvelles durent prendre une inclinaison roide et presque renversée. Ainsi donc, on peut considérer les cavités ci-nommées comme le ci-devant centre d' action des forces souterraines de cette aire.

La présence du pli à la terre de Bélianskaja peut être admise, si l'on se base sur l'idée, que l'on rencontre dans la partie méridionale de cette terre des formations houillères d'une composition plus ancienne que celles qui se trouvent dans l'aile occidentale du bassin du Nord. Par conséquent, dans cet endroit, le pli forme une limite distincte au sud du bassin septentrional, lequel communique, à l'Ouest de la terre de Bélianskaja, avec les extrêmités de deux cavités, appartenant à des terres voisines; au Nord, les couches du bassin disparaissent sous une formation de craie. Cette dernière ne peut avoir de puissance considérable en cet endroit, ainsi que le prouve le ravin de la Sopianna, où la marne a été emportée par l'eau jusqu' aux couches de formation houillère; voilà pourquoi on peut conclure que les recherches des couches de houille, sous la formation crayeuse, n' offriront pas de grands obstacles.

Il a été dit plus haut que la houille du bassin septentrional appartient à une composition plus moderne, comparativement à celle que l' on rencontre dans les bassins méridionaux. Plusieurs espèces de houille dans le bassin septentrional ont la propriété de se boursoufler, mais la houille du bassin méridional n' a pas cette faculté. Les roches de ce bassin se distinguent brusquement de celles des bassins méridionaux.

Les couches calcaires se trouvent presque toujours à une distance peu éloignée du toit des couches de houille et peuvent servir de guides sûrs pendant les recherches de la houille; les grés apparaissent sous la forme de grosses couches d' une couleur blanche et quelquefois jaunâtre; le mica ne s'y mélange que rarement et les grains de gré sont si gros qu'on peut les distinguer à l'oeil nu.

Les psammites de l'endroit, d'après leur structure stratifiée, leur couleur foncée, leur peu de solidité et la petite quantité de mica, peuvent être facilement considérés parmi les argiles shisteuse, d' autant plus que l'on a rarement recours à la poudre pour les percer. L' argile schisteuse est également molle et stratifiée, elle a une couleur foncée dûe aux matières bitumineuses dont elle est pénétrée

Entre les strates de cette argile se rencontre le fer carbonaté argileux, sous la forme de rognons ovoïdes, formant quelquefois des couches d'un demi-pied de puissance.

En suivant la stratification générale des roches, le fer carbonaté se prolonge sans interruption et possède près de $60^0|_0$ de fer. Le minerai de fer se trouve sous le gazon du sol, ainsi qu'on le voit non loin de la mine d' Alexandre, à l' ouest du bassin; leurs couches atteignent un pied et demi de puis-

sance et fournissent à peu près 45°|₀ de fer.
Quoique ce minerai, possèdant une quantité
considérable de quartz, puisse être compté
au nombre des minerais réfractaires, cependant le mélange d'autres minerais fusibles
donne la possibilité de l'employer pour la
fusion du fer de fonte. On trouve souvent
des rognons de minerai de fer dans la formation crayeuse de la terre de Bélianskaja,
mais ces gisement exigent encore des
explorations.

Autrefois le gouvernement exploitait ce
minerai non loin de cette propriété; à en
juger d'après les vestiges qui restent, on
peut affirmer que le minerai a dû être
assez riche.

BASSINS MÉRIDIONAUX.

Les deux bassins, qui se trouvent au sud
du pli, contiennent de l'anthracite. L'un
d'eux appartient presqu' entièrement à la
terre d'Ouspensk, (limite naturelle de Sou-
choé), son extrêmité occidentale seule ap-
parait sur la rive gauche de l'Olchovaja; le

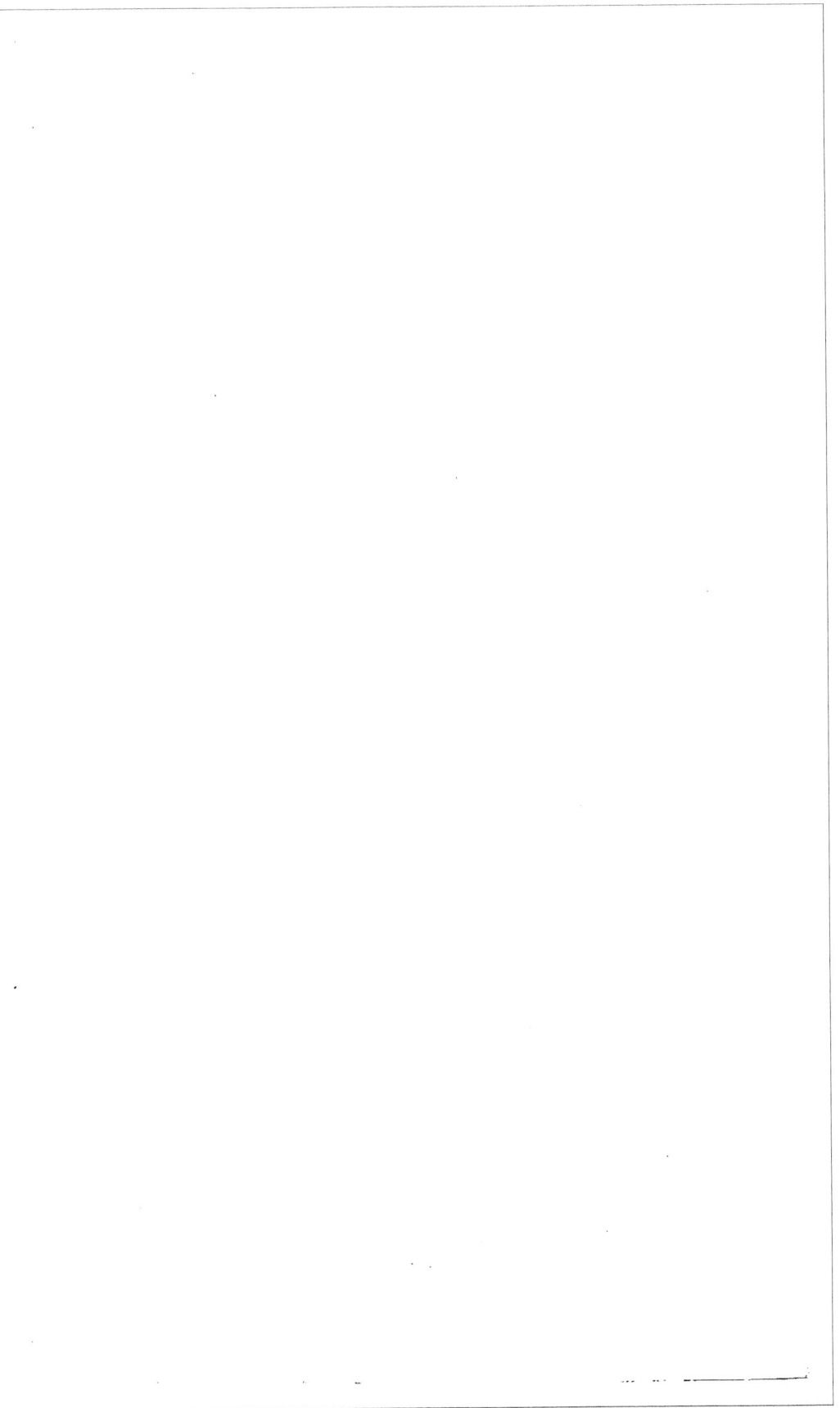

** TERRE D'OUSPENSK.

a. Houille boursouflée.

BASSIN DU NORD.

№ os. des couches.	Désignations des stratifications.	Puissance des couches pouces.	Étendue des couches selon la direction. Sagènes.	l'inclinaison.	Aire du champ de mine.	Quantité de houille en sag. carrés.	Quantité de houille de la couche Pouds.	Total.	Observations.
	1 couche mince.	20	2000	75	150,000	160	24,000,000		
	2 couche mince.	15	2000	75	150,000	120	18,000,000		
1	Lisogonhov	42	3000	75	225,000	336	75,600,000		
	couche mince	19	3000	75	225,000	152	34,200,000		
2	Pokrovsky	26	3000	75	225,000	208	46,800,000		

b. HOUILLE ANTHRACITEUSE.

Bassin méridional.

№ os. des couches.	Désignations des stratifications.	Puissance des couches. pouces.	Étendue des couches selon la direction	l'inclinaison.	Aire du champ de mine.	Quantité de houille en sag. carrés.	Quantité de houille de la couche.	Total.	Observations.
15	Olga . . .	26	2000	200	400,000	208	83,200,000		
16	Varvara . . .	22	3000	200	600,000	176	105,600,000		
17	Maria . . .	28	3500	200	700,000	224	156,800,000		
18	Anna . . .	20	3500	200	700,000	160	112,000,000		
19	Nikolay . .	26	3500	200	700,000	228	159,600,000		
	1 couche mince .	16	3700	200	740,000	112	82,880,000		
	2 couche mince .	14	3700	200	740,000	128	94,720,000		
	Vera . . .	21	4000	200	800,000	168	134,400,000		
	couche mince .	15	4000	200	800,000	120	96,000,000		
	Nadejda . .	40	2400	180	432,000	320	138,240,000		
	couche mince .	18	2400	180	432,000	144	62,208,000		

Houille anthraciteuse — — — 1,225,648,000

Terre d'Ous pensk — — — 1,521,448,000

Houille dans les deux propriétés — — — 2,245,574,400

second bassin ne laisse voir à la terre d'Ouspensk que son aile occidentale.

Les roches des bassins anthraciteux sont composées principalement de psammites, dont quelques uns seulement possèdent une faible consistance avec un mélange considérable de feuilles de mica, ils forment une transition vers le shiste argileux; la plupart des psammites se distinguent par une structure compacte et une couleur rougeâtre. Ces derniers psammites, dont les grains sont unis par un ciment ferrugineux, composent des matériaux de construction précieux et s'emploient dans ces lieux, non seulement pour la construction, mais aussi pour les pierres de taille. Iusqu' aprésent on n'a rencontré dans ces bassins que deux couches calcaires qui se distinguent des calcaires du bassin septentrional par la quantité considérable de mélanges étrangers. Le toit des couches anthraciteuses est composé, pour la plupart, de psammites, plus rarement de shiste argileux; en général, on peut dire, que les roches des bassins méridionaux ont une consistance plus compacte que celles qui forment le bassin septentrional.

Les roches, formant la cavité méridionale de Bélianskaja, près du village d' Jonovka, ressemblent, par leurs propriétés, aux roches des bassins anthraciteux; mais elles possèdent encore la houille maréchale qui forme un passage de l' anthracite à la houille boursouflée.

Enfin, il faut observer, que les gisements du minerai des deux propriétés ne sont pas encore explorés du tout.

Ainsi donc, toutes les houilles des deux propriétés, celles de Bélianskaja et celles d'Ouspensk, peuvent être divisées, d' après l'ancienneté relative de leur formation, en 3 groupes; l' anthracite, la houille maréchale et la houille boursouflée.

Pour ce qui concerne le quatrième groupe, c. à d. les houilles gazeuses, leur présence sous la formation de craie est encore douteuse, d' ailleurs, on n' a pas fait le moindre effort pour les rechercher.

Les houilles maigres ou anthraciteuses appartiennent aux formations anciennes de la houille. Ces combustibles s' allument avec difficulté et seulement à l' aide d' une haute température; ils ne collent pas et brûlent lentement en produisant une flamme courte et bleuâtre. Ne possédant que fort peu de bitume, ils ne produisent presque pas de fumée et ne donnent pas de coke.

Quoique les recherches par fouilles aient démontré la présence de six couches anthraciteuses, dont la puissance varie de 18 à 42 pouces et l'inclinaison de 5 à 48°; mais, en dépit de ces conditions favorables de gisement, l'anthracite n'a pas été exploité jusqu'aprésent, vu qu'il n'est pas employé pour le chauffage domestique, dont les poêles ne sont pas encore adaptés à ce combustible.

La houille maréchale forme le passage des houilles maigres aux houilles grasses. Quoiqu' elle possède la faculté de se coller, mais elle donne une coke boursouflé plus léger que celui qui est produit par la houille boursouflée véritable; voilà pourquoi on l'emploie aux travaux de forge. Jusqu' aprésent on connait six couches de ce charbon; celles qui sont exploitées, présentent une puissance de 21 à 80 pouces et donnent une houille menue pour la plupart.

Les houilles grasses, bitumineuses ou bour-
souflées, dont la texture est ordinairement
bitumineuse et déliteuse, sont d' un beau
noir velouté; elles s' enflamment faicilement,
brûlent avec une flamme jaunâtre et blan-
châtre, très vive; elles rendent beaucoup de
fumée et de suie; ces fragments se ramol-
lissent et se fondent, pour ainsi dire, par la
chaleur, puis se coagulent et ne forment
qu' une seule masse; si la combustion conti-
nue, il ne reste que des cendres, des scories.

Toutes les houilles du bassin septentrional sont propres à la production du coke
et donnent, en prenant la moyenne, de 60
à $70^0/_0$ de coke compacte, homogène, d'une
apparence métallique, dont les blocs sont
anguleux et les arêtes tranchantes. Les
couches de cet endroit donnent rarement de
gros morceaux, mais généralement du menu;
la couche de houille de „Kossoy" et la partie inférieure de „Solonoy", font exception,
en donnant $60^0/_0$ de houille grasse. Jl faut
observer, que les couches, occupant les pla-
ces les plus élevées, donnent des morceaux
de houille plus gros. La couche „Kossoy"

fonrnit des blocs de toute la puissance de la couche, ayant la forme d'un cube assez solide; les morceaux de houille des autres couches ont pour la plupart une forme rhomboïdale et irrégulière.

La houille excellente de la couche „Kossoy", se distingue par sa pureté de toutes les autres; tandis que les fragments des autres couches sont altérés souvent par des substances étrangères. Ainsi, dans la couche de „Solonoy" qui a 52 pouces de puissance, on peut distinguer les minces feuillets d'un charbon ligneux minéral avec un mélange de pyrite commune ayant également la forme de petits feuillets.

La houille de la couche appelée „Sérébrianoy" jouit dans cet endroit d'une juste renommée dûe à la faculté considérable qu'elle possède de s'enflammer et sa pureté, quoiqu'on ne la trouve que par menus.-

De nos jours, la plus grande quantité de houille est fournie par la couche „Solonoy", dont les masses ont été préparées autrefois. En outre, à l'aide de trois puits principaux

3

à machines d'extraction et de quatre petits puits, on prépare et on exploite à peu près la coche „Kossoy" qui produit une grande quantité de houille en blocs d'un volume considérable.

Cette couche est coupée à l'horizon de 26 sagènes du sol et, par conséquent, on peut affirmer que ses qualités excellentes sont définies complétement.

Nous remarquerons encore, que les propriétés des couches varient ordinairement dans les sinuosités des bassins et des cavités; on le voit très distinctement dans la couche „Solonoy" La puissance des couches varie généralement dans ces endroits là; ainsi, la couche d'Ionovka a un sagène de puissance près du village d'Ionovka et plus loin 42 pouces seulement. D'ailleurs on n'a pas rencontré jusqu'à présent de différence cosidérable dans les propriétés de la houille des diverses parties du même bassin, c. à d. on n'a pas observé si la houille était bitumineuse d'un côté et maréchale ou maigre de l'autre. Si l'on tient compte de l'exploitation peu considérable, (1,500,000 pouds,- 1 p.=16, 380 kilogrammes)en comparaison de toute la quantité de la houille qui gît dans la propriété, on peut être certain, qu' il se passera beaucoup de temps encore, avant que l'on reconnaisse la nécessité d'exploiter les couches minces voilà pourquoi, dans le tableau ci-joint, on n' a pas pris en considération les couches qui n'ont pas 14 pouces de puissance; les couches plus minces ne méritent pas l' attention. *

En calculant la quantité de houille des couches dont la puissance est inégale dans leurs différentes parties, on a considéré comme moyenne, un sagène carré (0,045 are; dans d'autres cas, on a calculé séparément pour chaque partie.

On n' a pas pris en considération dans ce calcul: a.) les espaces exploités par les paysans, à 45 sagènes de profondeur d' après l' inclinaison des couches à la surface du sol; b.) la houille morte à la même profondeur; c.) la houille des couches où l' on rencontre le plus d' irrégularité dans leur inclinaison et leur direction, non loin du pli, où la houille ne doit pas être d' une bonne qualité et d.) enfin les couches de houille, dont la direction est projêtée.

Disons encore quelques mots sur l'exploitation du minerai dans la propriété de M⁅ Boulatzel et sur la quantité de houille exploitée.

Il y a six ans, on enfonça deux puits d'épuisement sur la couche „Solonoy" nomémment: „Nadejda" et „Olga", qui épuisèrent l'eau d'un champ de mine spacieux et sont exploitées jusqu'aprésent, en même temps que deux puits perpendiculaires et d'autres horizontaux enfoncés à l'affleurement de la couche d'après son inclinaison jusqu'à l'horizon dont l'eau a été épuisée.

Plus tard, dans l'intention de préparer les mines pour une exploitation plus vaste, M⁅ Boulatzel fit enfoncer de nouveaux puits sur les couches: „Novoy", „Kossoy" et Sérébrianoy". La plus grande profondeur de ces puits, selon les suppositions, doit être de 45 s. jusqu'à la couche inférieure de „Sérébrianoy", et en commençant par cet horizon, on pourra atteindre par des galeries de recoupement les couches supérieures de „Kossoy" et „Novoy". Excepté les puits, déjà mentionnés, on a enfoncé encore deux puits perpendiculaires sur la couche „Solonoy," au dessous de l'horizon des anciennes excavations des paysans, ainsi qu' on le voit sur la couche, puisque le champ préparé autrefois est exploité déjà! Tous ces puits découvrent sur chaque couche les champs de mine suivants: sur le Solonoy, d'après la direction de 500 sag: et l'élévation de 30 s. en prenant la moyenne, c. à d. 15,000 sag. carrés ou bien de 6 à 7 millions.

En calculant depuis l'affleurement des puits „Novoy", „Kossoy" et „Sérébrianoy" 15 sag. jusqu' à l'horizon des galeries de recoupement du puit Alexandre, et d'après la direction de 1000 sagènes: nous aurons les champs de mine suivants:

sur la couche „Novoy" — 112000 s. carrés.

— — — „Kossoy" — 110000 - —

— — — „Sérébrianoy"130000 - —

Ce qui forme le poids de 68,000,000 de pouds, ou bien, selon la totalité générale près de 75 millions.

En supposant que $10^0/_0$ de cette quantité

restent dans les masses non exploitées et les piliers de sauvetage, nous avons néanmoins une provision de houille, dans les champs découverts, de 635,000,000 le pouds.

Voyons plus loin les proportions dans lesquelles on a exploité la houille jusqu'aprésent et celles qui sont projetées dans la suite.

Depuis 1871, Mr Boulatzel a entrepris de fournir la houille nécessaire au chemin de fer de „Voronège-Rostoff et jusqu' aprésent il a déjà fourni près de 6,000,000 pouds.

Il faut observer qu' une quantité plus grande n' a pu être fournie en raison des difficultés du transport sur des chariots à la distance de 80 verstes des mines à la station de Kamensk du chemin ci-nommé.

Si nous ajoutons à cette quantité la dépense annuelle de la houille employée dans la propriété même de Mr Boulatzel et dans les mines, plus de 200,000 pouds enfin une quantité égale vendue particiellemet et à l'usine de Lougansky, nous verrons, que l'exploitation moyenne de tout ce temps-ci a fourni près de 1,500,000 de pouds.

L' extraction de la houille des puits horizontaux et perpendiculaires se produisait à l'aide de machines à molletes, ce qui correspondait parfaitement à l'organisation de toute l'exploitation, exigée par la position économique des mines. Pour le moment, Mr Boulatzel a trouvé nécessaire d'établir les mines sur une base plus étendue, voilà pourquoi la force mécanique a été indispensable pour l'extraction de la houille, afin que, de cette manière, le système de l'exploitation soit plus conforme au but proposé. Mr Boulatzel a confié l'exécution de tous ces plans à un Ingénieur, attaché à l'exploitation des mines.

A l'époque actuelle, les mines se trouvent dans la position suivante.

Le puit „Alexandre" est enfoncé à 10 sagénes plus bas que la couche de „Kossoy" et la coupe à 26 sagénes du sol. D'après les suppositions ce puit atteindra la couche „Sérébrianoy" à 42 sagénes et de cette manière l'élévation du champ sera de 115 sagénes. A l'horizon de la galerie fondamentale on percera une galerie à travers bancs jusqu'aux couches superposées et de cette manière on formera un champ de 104 sag. sur la couche „Novoy", et de 100 s. sur le „Kossoy".

Pour l' extraction de la houille et l'enfoncement graduel du puit on a placé une locomobile de 10 chevaux du système Kleytone avec engrenage. Audessus de la machine et du puit se trouve une légère construction provisoire.

Le puit „Nikolay" coupe la couche de „Kossoy" à 34 sag: entraversant les mêmes roches. Au dessus de ce puit se trouve un petit édifice, dans lequel est placée une machine à vapeur de six chevaux avec un cylindre et une chaudière préparée à l' usine de Lougansky.

Ce même édifice contient le logement du machiniste et la salle des mineurs.

Le puit „Véra a la profondeur de 36 sagènes. L' édifice placé au dessus de la mine est construit en pierres et possède une dimension considérable. La machine est de 16 chevaux, sans engrenage, et à deux cylindres. La chaudière avec un tuyau intérieur a été faite à la maison et la machine vient de la fabrique Westberg de Charkoff.

Les deux bâtiments sont à deux étages et l'extraction de la houille se produira du second étage aux tamis de triage. Plus tard, si on le trouve nécessaire, on se propose d'établir ici un embranchement de la voie ferrée. Outre les machines, déjà nommées, on a posé deux locomobiles de 8 à 10 chevaux au-dessus des puits enfoncés sur la couche „Solonoy"; on y construira également des bâtiments provisoires, pareils à celui du puit „Alexandre".

A l'aide de tous ces moyens, l'extraction quotidienne de la houille, en cas de besoin, peut atteindre la totalité de 30000 pouds, ou bien, en calculant, par an, 260 jours ouvriers, près de 8 millions de pouds.

Il est très certain que dans un avenir prochain, l'exploitation des mines d'Ouspensk, atteindra si non les mêmes proportions, du moins des proportions approximatives. Toutes les conditions, dans lesquelles se trouvent les mines, le font supposer, car avec la construction de la voie ferrée du Donetz, les difficultés du transport de la houille, en

4

grande quantité jusqu' aux stations de Voronège-Rostoff (80 v.) et celle de Charkoff-Azov (70 v.), sont levées.

La ligne principale du chemin de Donetz se trouve à 23 verstes; celle de Lougansky à 11 verstes des mines qui peuvent être aisément unies, par un embranchement, à cette dernière station, et Mr Boulatzel a des combinaisons projetées à ce sujet. De cette manière, avec la continuation de la ligne vers la station de „Millerovo" du chemin de Voronège-Rostoff, question à peu près résolue et, probablement, mise en exécution bientôt, les mines d'Ouspensk seront à une très proche distance de Voronège et, par conséquent, de tout le débouché septentrional et oriental pour le débit de la houille et du coke.

Ce léger aperçu fait voir clairement, que les mines d'Ouspensk, de Mr Boulatzel, possèdent en abondance, non seulement toutes les espèces de houille et du minerai de fer, mais aussi des matériaux de construction, tels que: le gré, les calcaires, la marne, la craie, l'argile, les sables, etc.

Cette propriété jouit de toutes les conditions qui favorisent le développement de l'exploitation des mines. Pour réparer les machines endommagées, M. Boulatzel possède un atelier mécanique et une petite usine. A 24 verstes se trouve l'usine de Lougansky, dont les ateliers fournissent non seulement les moyens de remonter les machines, mais aussi d'en construire de nouvelles. En outre, le bourg de Lougansky présente un marché pour la vente de la houille, pour l'acquisition de divers matériaux, indispensables pour l'exploitation des mines et pour l'achat des provisions. Sans contredit, le débouché de Lougansky sera élargi et animé considérablement par la construction de la voie ferré du Donetz, car l'administration et les ateliers principaux seront fixés à Lougansky.

Le sol de cette contrée se compose d'une terre noire et grasse; l'eau y abonde partout, les bois de construction ne manquent pas dans la propriété même et ses alentours. Les habitant du pays sont aptes à l'exploitation des mines et travaillent à un prix avantageux pour l'exploiteur; il y a beaucoup de minerai de fer dans les environs et la propriété d' Ouspensk n' en est pas éloignée au delà de 30 verstes.

Si l'on y ajoute la proximité des ports (celui de Taganrog) et des vues sur la canalisation du Sévernoy Donetz, il sera difficile de trouver un endroit plus favorable à la construction de fonderies, de forges, d'usines, et d' autres ateliers mis en mouvement à l' aide du feu.

Un large avenir se déroule devant ce pays; de grands capitaux trouveront un placement avantageux dans les entreprises de l' industrie et du commerce en donnant un bénéfice élevé à ceux qui auront la chance et la gloire de débuter dans cette affaire.

Ouspensk.
23 Juillet 1877

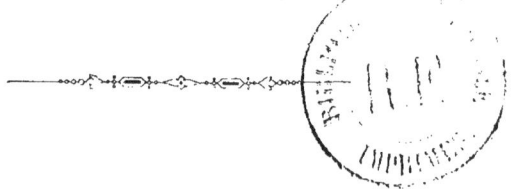

POIDS ET MESURES RUSSES

qui se trouvent dans cette brochure

avec leurs correspondants en français.

Футъ. un pied équivaut à — — — — — —   3,048   décimètres.

Дюймъ. un pouce — — — — — —   2.540   centimètres.

Сажень. un sagène ou une toise
- — —   21.336   décimètres.
- — —   2.134   mètres.

Верста. une verste — — —
- — —   1066.781   mètres.
- — —   1.067   kilomètres.

Десятина, un arpent — — —
- — —   109.250   ares.
- — —   1.092   hectare.

Une toise carrée — — —
- — —   0.045   are.
- — —   4.552   centiares.

Un poud — 40 livres — — — — — —   16.380   kilogrammes.

R.F. BIBLIOTHÈQUE

Nº FF0056

BnF - Fiche Fant

BIBLIOTHEQUE NATIONALE DE FRANCE

3 7531 03086546 4

www.ingramcontent.com/pod-product-compliance
Lightning Source LLC
Chambersburg PA
CBHW071317200326
41520CB00013B/2816

* 9 7 8 2 0 1 9 6 1 5 2 0 8 *